BEI GRIN MACHT SICH IHR WISSEN BEZAHLT

- Wir veröffentlichen Ihre Hausarbeit,
  Bachelor- und Masterarbeit

- Ihr eigenes eBook und Buch -
  weltweit in allen wichtigen Shops

- Verdienen Sie an jedem Verkauf

Jetzt bei www.GRIN.com hochladen
und kostenlos publizieren

Michael Dienst

Yachtruder mit flexiblen Profilkörpersegmenten

Transactions in Suffering Innovations T02 SI059

GRIN Verlag

„Transactions in suffering Innovations"

Ideen verbrennen im Park

Der Wedding ist heute wunderschön
und ich fühl` mich seltsam stark.
Was hält mich da noch im Labor?
Wir gehen zum Led Zeppelin,
der gefällt mir mehr als je zuvor,
bei ungefähr tausend Kelvin.
Komm, lass uns Patente verbrennen im Park.

Mi. Berlin 2016

Den Ausführungen sei ein Traktat vorangestellt. Die Textbeiträge zum Stand der Technik und den „Transactions in Suffering Innovations" besitzen ein dynamisches Format und sind, beginnend im November 2016, in folgender Weise geordnet und Überschrieben:

Titel: Artefakt
Untertitel: Transactions in Suffering Innovations T[NUMMER]SI[Mi-KENNUNG]
Datum: Freigabe
Prolog [Kontext]
Kerntext [Technische Beschreibung]
Epilog [Hintergründe und Dialoge]

Traktat

über die Beiträge zum Stand der Technik und zu den „Transactions in Suffering Innovations"

Die „Transactions in Suffering Innovations" bilden eine Sammlung von Schriften über Artefakte im Themenfeld Biologie & Technik, die in loser Reihenfolge erscheint. Es besteht durchaus die Absicht, den Stand der Technik zu verändern.

Gegenstand der Beiträge zu den Schriften der „Transactions in Suffering Innovations" sind Artefakte, Problemlösungen, Gestaltungsfragen und die kritische Auseinandersetzung mit Themen der Bionik, also Technik nach Vorbildern aus der belebten und unbelebten Natur und ihre Umsetzung. In ausgesuchten Fällen sind Technische Beschreibungen nach Standards des Deutschen Patent und Markenrechts[1] verfasst.

Mit den „Transactions in Suffering Innovations" soll der Fortschritt auf dem Gebiet der angewandten Bionik dadurch gefördert werden, dass die dargestellten notleidenden Artefakte, Problem- und Gestaltungslösungen frei von Rechten Dritter sind und mit ausdrücklicher Genehmigung dem Leser zur Nutzung verfügbar werden.

In den „Transactions in Suffering Innovations" werden ausschließlich Artefakte offeriert, die nicht unter das Arbeitnehmererfindungsgesetzes ArbErfG[2] fallen oder in der Vergangenheit fielen.

Die in den „Transactions in Suffering Innovations" dargestellten Artefakte sind insofern notleidend, da sie einerseits aus materieller Not nicht weiterverfolgt werden, ein Umstand der sich vielleicht wieder ändern mag. Andererseits sind die dargestellten Artefakte notleidend, weil sie möglichweise auftretender oder voranschreitenden geistigen Umnachtung zum Opfer zu fallen drohen; ein Umstand der sich wohl nicht mehr ändern wird.

Als Übergeordneter Absicht gilt es solche Forschung anzustoßen, die Lösungswege der Übertragung biologischer Phänomene untersucht und Fragestellungen betrifft, die im Zusammenhang stehen mit Natur und Technik.

Die Beiträge zum Stand der Technik und den „Transactions in Suffering Innovations" sind in deutscher Sprache verfasst. Dem Text wird gegebenenfalls eine teilweise oder vollständige Übersetzung in englischer Sprache beigestellt. In einer Ausgabe der Schriftensammlung wird jeweils nur ein Werk platziert. Den Ausführungen wird gegebenenfalls ein Prolog vor und ein Epilog nachgestellt.

Mi. Dienst

---

[1] https://www.dpma.de/patent/anmeldung/index.html
[2] Am 7. Februar 2002 trat die Novellierung des Arbeitnehmererfindungsgesetzes ArbErfG in Kraft.

Titel: **YACHTRUDER MIT FLEXIBLEN PROFILKÖRPERSEGMENTEN**
Untertitel: Transactions in Suffering Innovations T02 SI059
09. Dez. 2016

Technische Beschreibung

Yachtruder mit flexiblen Profilkörpersegmenten.

Gegenstand der Erfindung ist ein strömungsflexibles Ruderblatt zur Anmontage an eine Segelyacht oder eine Jolle derart, dass ein Ruderblattrahmen im Zusammenspiel mit einem fluidisch wirksamen, wohl profilierten Tragflächensegment in konstruktiver und organisatorischer Einheit gemeinsam ein flexibles, strömungsadaptives Yachtruder ausbilden. Die flexiblen Profilkörpertragflächensegmente sind in einfacher Weise austauschbar. Schiffsspezifische Halterungen und Montagezeuge, sowie die Segelyacht oder Jolle sind nicht Gegenstand der Erfindung.

Stand der Technik.

Bei Seefahrzeugen, insbesondere Segelyachten und Jollen in Fahrt und beim Manövrieren ist die optimale und an Strömungswiderständen arme Funktionsweise entscheidend für höchste Fahrleistungen. Zu den fluidmechanisch wirksamen Bauteilen im Unterwasserbereich von Segelyachten und Jollen gehören die Ruderanlage, bzw. die Ruderblattfläche. In Fahrt bilden Leitflächen im Unterwasserbereich mit symmetrischem Profil nach Stand der Technik dann einen fluiddynamisch wirksamen und Auftrieb generierenden Tragflügel aus, wenn eine nicht axiale Anströmung gegeben ist. Die aus dem hydrodynamischen Auftriebsgebaren der Ruderblattfläche resultierende Querkraft wird beim Manövrieren genutzt.

Ruder nach Stand der Technik sind üblicherweise aus symmetrisch profiliertem Vollmaterial. Ruder und Ruderblätter in Holzbauweise sind seit Langem Stand der Technik. Die Kombination von Holzbauweise und der Bauweise und Technologie faserverstärkter Kunststoffe ist Stand der Technik.

Stand der Wissenschaft.

Mit zunehmender Verfügbarkeit hochfester und hochelastischer Werkstoffe und Werkstoffverbünde ist die Anfertigung und der Betrieb elastischer strömungs-mechanisch wirksamer Bauteile oder Regionen von Bauteilen im Bereich des Unterwasserschiffes von Seefahrzeugen, insbesondere Segelyachten und Jollen Stand der Technik. Einzelanfertigungen und Serienbauteile sind bekannt.

Problembeschreibung

Für den Einsatz bei Segelregatten, im wissenschaftlichen Experimentalbetrieb, für Forschungszwecke und für Optimierungskampagnen mit dem Ziel die strömungs-mechanischen Eigenschaften von Bauteilen im Bereich des Unterwasserschiffes von Seefahrzeugen, insbesondere Segelyachten und Jollen zu verbessern, erscheint die Substitution eines Ruderblattes nach Stand der Technik durch eine Vorrichtung wünschenswert, die die Montage und den betrieblichen Einsatz unterschiedlicher nichtflexibler, teil- und vollflexibler Rudertragflächensegmente ermöglicht, bei gleichzeitiger Beibehaltung der fluidmechanisch vorteilhaften Eigenschaften der Gesamtkonstruktion.

Beim Austausch des Ruders, des Ruderblattes und/oder der gesamten Ruderanlage entstehen Kosten für Material und Zeitaufwand für die Anfertigung eines oder mehrerer Ruder, Ruderblätter und/oder der gesamten Ruderanlagen, welche in Relation zum Gesamtsystem erheblich sein können.

Problemlösung
Die Erfindung betrifft erstens eine fluidmechanisch wirksame Rudertragfläche, in Art und Funktionsweise eines Wechselrahmens zur Aufnahme unterschiedlicher Profilkörpertragflächensegment und zweitens mehrere unterschiedliche fluidmechanisch wirksame Profilkörpertragflächensegmente zur Aufnahme in den Wechselrahmen. Durch Gestaltung und Auswahl wohl definierter werkstoffmechanischer Eigenschaften wird eine erwünschte, im Praxisbetrieb vorteilhafte Beaufschlagungs-Verformungs-Wechselwirkung erzielt. Die Profilkörper-segmente werden in einer einfachen, branchenüblichen Weise reversibel und lösbar gefügt. Gemäß der Intension der Erfindung ermöglicht die Substitution eines Ruderblattes nach Stand der Technik durch ein aus Segmenten bestehendes Ruderblatt den raschen Austausch von unterschiedlichen Profilkörpertragflächen, welche - im Sinne einer vorausbestimmbaren Beaufschlagungs-Verformungs-Wechselwirkung - auf unterschiedliche Weise flexibel und elastisch sein können, bei gleichzeitiger Beibehaltung bzw. Herbeiführung fluidmechanisch vorteilhafter und auf den Betriebszweck des Gesamtsystems konditionierten Eigenschaften des Seefahrzeugs.

Erreichbare Vorteile
Die fluidmechanisch wirksame Rudertragfläche in der Art und Funktionsweise eines Wechselrahmens erlaubt die Aufnahme und den Austausch unterschiedlicher nichtflexibler, teil- und vollflexibler Rudertragflächen (nachfolgend Profilkörper-segmente genannt). Mit der Erfindung wird erreicht, dass (1) unterschiedliche, mit dem Wechselrahmen kompatible Profilkörpersegmente rasch und mit geringem technischen Aufwand zu einem vollständig funktionalem und fluidmeschanisch wirksamen Ruderblatt gefügt werden können, (2) im Experimentalbetrieb, für Forschungszwecke oder im Rahmen einer Optimierung die strömungsmechanischen Eigenschaften von Seefahrzeugen, insbesondere Segelyachten und Jollen hinsichtlich unterschiedlicher Betriebsbedingungen hin konditioniert und damit das Gesamtsystem optimiert werden kann.

Aufbau und bauliche Ausführung
Fluidmechanisch wirksame Rudertragflächen von Seefahrzeugen insbesondere von Segelyachten und Jollen sind nach Stand der Technik in der Regel profiliert und das vom Schiffskörper abgewandten Rudertragflächenende ist mit typenbedingt unterschiedlichen Konturen ausgebildet. Für Rudertragflächen nach Stand der Technik sind unterschiedliche Profile und Profilkombinationen bekannt. Bauweisen, Bauteile und Bauausführungen der Anmontage einer Rudertragfläche an eine Segelyacht oder Jolle sind nicht Gegenstand der Erfindung.

Wechselrahmen. Der Anschluss einer Rudertragfläche R nach Anspruch 1 am Heck einer Segeljolle ist sinngemäß schematisch dargestellt in Abbildung, Figur 1 zu ersehen als transparent dargestelltes Heck eines Schiffes Y,

Ruderkopfaufnehmer A und Ruderpinne P nach Stand der Technik, die nicht Gegenstand der Erfindung sind.

Die Rudertragfläche ist schematisch dargestellt in Abbildung, Figur 2.

Profilkörpertragflächensegmente T und profilierten Wechselrahmenteil R bilden eine funktionale, organisatorische und konstruktive Einheit. Das Lagerloch L dient zur Befestigung in einem Ruderkopfaufnehmer zur Anmontage an eine Yacht oder Segeljolle. In den in Figur 2 dargestellten Befestigungsebene q2 wird mit branchenüblicher Montagetechnik das Profilkörpertragflächensegmente T mit dem profilierten Wechselrahmenteil R reversibel gefügt.

Das kompatible Wechselrahmenteil R ist in branchenüblicher Holzbauweise, aus Kunststoffen oder in einer Verbundbauweise gefertigt.

Das Profilkörpertragflächensegment T wird mit branchenüblicher Montagetechnik an der Kante q2 reversibel mit dem kompatiblen Wechselrahmen R gefügt und positioniert derart, dass an der Oberkante q4 des Profilkörpertragflächensegments und der Kante q1 des kompatiblen Wechselrahmens R eine Fuge entsteht und die Unterkante q3 des Profilkörpertragflächensegments T mit der Körperkante des Wechselrahmens R fluchtet.

Aufbau und bauliche Ausführung von Profilkörpertragflächenvarianten

Variante (I) **Profilkörpertragflächensegment mit biegeweichem Formteil.**
In der skizzenhaften Abbildung Figur 3 ist gemäß der Intension der Erfindung eine horizontale Schnittebene des Ruderblattes schematisch dargestellt.
In der Abbildung Figur 4 ist gemäß der Intension der Erfindung eine vertikale Schnittebene des Ruderblattes schematisch dargestellt.

Aufbau und bauliche Ausführung. Das profilierte Bugteil des Wechselrahmens R, der biegesteife Befestigungsholm B, das biegeweiche, elastische Formteil J1 und die biegesteife Finne F bilden eine konstruktive und organisatorische Einheit, die das Profilkörpertragflächensegment der Erfindung entsprechend repräsentieren. Die flächige Verbindung q2 zwischen dem profilierte Bugteil des Wechselrahmen R und dem Befestigungsholm B wird mit Fügetechnik nach Stand der Technik reversibel lösbar oder stoffschlüssig durch Klebung ausgeführt, derart wie in der Abbildung Figur 4 gemäß der Intension der Erfindung als vertikaler Schnitt des Ruderblattes schematisch dargestellt. Die Verbindung zwischen dem Befestigungsholm B und dem Formteil J1 sowie die Verbindung zwischen dem Formteil J1 und der Finne F ist stoffschlüssig durch Klebung ausgeführt. Das Profilkörpertragflächensegment T bildet an den Ebenen q4 und q3 gestaltungsbedingt geschlossene Flächen aus. Der biegesteife Befestigungsholm B und die biegesteife Finne F werden in klassischer bootsbauerischer Weise nach Stand der Technik und Technologie spanend aus Holz gefertigt. Substitutiv können Befestigungsholm B und Finne F aus Kunststoff gefertigt werden. Das Formteil J1 wird aus elastischem Kunststoff urformend gefertigt.

Wirkungsweise.
Die im Betrieb nicht axiale Anströmung führt zu einer Beaufschlagung der Bauteilgeometrie des Profilkörpertragflächensegments T durch

Strömungskräfte. Die aus dem hydrodynamischen Auftriebsgebaren der Ruderblattfläche resultierende Querkraft wird beim Manövrieren genutzt.

Die Beaufschlagung durch die nicht axialen fluidischen Kräfte führt bei einem Profilkörpertragflächensegment mit weichem, elastischem Formteil zu einer mechanisch orthodoxen Beaufschlagungs-Verformungs-Wechselwirkung und zu einer materialbedingt mehr oder weniger intensiven stromabwärts-gerichteten (leewärtigen) Biegeverformung des Profilkörpertrag-flächensegments T. Die leewärtige Biegeverformung (wegflexen) des Profilkörpertragflächensegments kann im Praxisbetrieb als Überlastungs-sicherung angesehen werden.

Variante (II) Profilkörpertragflächensegment mit weicher, elastischer Innenauskleidung und wölbelastischen Wandungen .

In der skizzenhaften Abbildung Figur 5 ist gemäß der Intension der Erfindung eine horizontale Schnittebene des Ruderblattes schematisch dargestellt.

Aufbau und bauliche Ausführung. Das profilierte Bugteil des Wechselrahmen R, der biegesteife Befestigungsholm B, die biegeweiche, elastische Innenauskleidung J2, die wölbelastischen Wangen Ws und Wb und die biegesteife Finne F bilden eine konstruktive und organisatorische Einheit, die das Profilkörpertragflächensegment der Erfindung entsprechend repräsentieren.

Die flächige Verbindung q2 zwischen dem profilierte Bugteil des Wechselrahmen R und dem Befestigungsholm B wird mit Fügetechnik nach Stand der Technik reversibel lösbar oder stoffschlüssig durch Klebung ausgeführt.

Die Verbindung zwischen dem Befestigungsholm B und der Innenauskleidung J2 wird stoffschlüssig durch Klebung ausgeführt. Zwischen dem Formteil J2 und der Finne F, sowie zwischen der Innenauskleidung und den wölbelastischen Wangengen Ws und Wb herrscht lediglich eine Kontaktverbindung. Die wölbelastischen Wangen Ws und Wb sind bugwärtig über eine Klebeverbindung stoffschlüssig mit dem Befestigungsholm B und heckwärtig über eine Klebeverbindung stoffschlüssig mit der Finne F verbunden derart, dass zielsetzend einer geschlossenen Außenkontur der Befestigungsholm B und die Finne F von den Wangen WB und Ws eingeschlossen sind. Das Profilkörpertragflächensegment T bildet an den Ebenen q4 und q3 gestaltungsbedingt geschlossene Flächen aus. Der biegesteife Befestigungsholm B und die biegesteife Finne F werden in klassischer bootsbauerischer Weise nach Stand der Technik und Technologie spanend aus Holz gefertigt. Substitutiv können Befestigungsholm B und Finne F aus Kunststoff gefertigt werden. Das Formteil J2 wird aus elastischem Kunststoff urformend gefertigt. Die Wangen Ws und Wb werden aus wölbbiegefähigem Material gefertigt. Dies sollte ein kohlefaserverstärkter Kunststoff (vorzugsweise Epoxyd, ggf. Poyester) oder ein glasfaserverstärkter Kunststoff sein. Die Vorfertigung der Wangenbauteile erfolgt mit Verfahren nach Stand der Technik und Fertigungstechnologie urformend.

Wirkungsweise.
Die im Betrieb nicht axiale Anströmung führt zu einer Beaufschlagung der Bauteilgeometrie des Profilkörpertragflächensegments T durch Strömungskräfte. Die aus dem hydrodynamischen Auftriebsgebaren der Ruderblattfläche resultierende Querkraft wird beim Manövrieren genutzt. Die Beaufschlagung durch die nicht axialen fluidischen Kräfte führt bei einem Profilkörpertragflächensegment mit wölbelastischen Wandungen in Kombination mit einer weichem, elastischem Innenauskleidung zu einer mechanisch nicht orthodoxen (nunmehr paradoxen) Beaufschlagungs-Verformungs-Wechselwirkung. Eine mechanisch paradoxe Beaufschlagungs-Verformungs-Wechselwirkung erwirkt eine (luvwärtige) Geometrieverformung des Profilkörpertragflächensegments T, welche der fluidischen Beaufschlagungsrichtung entgegengesetzt ist. Die mechanisch paradoxe Beaufschlagungs-Verformungs-Wechselwirkung führt zu fluidmechanisch vorteilhaften und gegebenenfalls auf spezielle, auf den Betriebszweck des Gesamtsystems konditionierten Eigenschaften des Seefahrzeugs. Die mechanisch paradoxe Beaufschlagungs-Verformungs-Wechselwirkung ist im Falle eines Profilkörpertragflächensegments mit weicher, elastischer Innenauskleidung und wölbelastischen Wandungen intensiver als bei einer solchen mit zugmittel- oder biegemittelzentralgebundener Strebenstruktur, wie weiter unten beschrieben. Bei fluidmechanisch hohen Belastungen kann es zu starken Wölbverformungen und zu einer Art Profilentartung kommen.

Variante (III) **Profilkörpertragflächensegment mit wölbelastischen Wandungen und Strebenstruktur.**

In der skizzenhaften Abbildung Figur 6 ist gemäß der Intension der Erfindung eine horizontale Schnittebene des Ruderblattes schematisch dargestellt.
In der Abbildung Figur 7 ist gemäß der Intension der Erfindung eine vertikale Schnittebene des Ruderblattes schematisch dargestellt.

Aufbau und bauliche Ausführung. Das profilierte Bugteil des Wechselrahmen R, der nicht Gegenstand der Erfindung ist, der biegesteife Befestigungsholm B, die Leistenholme L1, L2, L3, L4, die wölbelastischen Wangen Ws und Wb und die biegesteife Finne F bilden eine konstruktive und organisatorische Einheit, die das Profilkörpertragflächensegment der Erfindung entsprechend repräsentieren.
Die flächige Verbindung q2 zwischen dem profilierte Bugteil des Wechselrahmen R und dem Befestigungsholm B wird mit Fügetechnik nach Stand der Technik reversibel lösbar oder stoffschlüssig durch Klebung ausgeführt, derart wie in der Abbildung Figur 7 gemäß der Intension der Erfindung als vertikaler Schnitt des Ruderblattes schematisch dargestellt.
Die Verbindung zwischen der wölbelastischen Wange Ws und den Leistenholmen L1 und L3 wird stoffschlüssig durch eine elastische Klebung K1 und K3 ausgeführt. Die Verbindung zwischen der wölbelastischen Wange Wb und den Leistenholmen L2 und L4 wird stoffschlüssig durch eine elastische Klebung K2 und K4 ausgeführt. Der Kontakt zwischen den Leistenholmen L1 und L3 und der wölbelastischen Wange Wb ist als gleitende Lagerung S1 und S3 ausgeführt. Der Kontakt zwischen den Leistenholmen L2 und L4 und der wölbelastischen Wange Ws ist als

gleitende Lagerung S2 und S4 ausgeführt. Die wölbelastischen Wangen Ws und Wb sind bugwärtig über eine Klebeverbindung stoffschlüssig mit dem Befestigungsholm B und heckwärtig über eine Klebeverbindung stoffschlüssig mit der Finne F verbunden derart, dass hinsichtlich einer geschlossenen Außenkontur der Befestigungsholm B und die Finne F von den Wangen WB und Ws eingeschlossen sind. Das Profilkörpertragflächensegment T bildet an den Ebenen q4 und q3 gestaltungsbedingt keine geschlossene Flächen aus, so dass das Fluid in die Innenstruktur eindringen kann. Der biegesteife Befestigungsholm B und die biegesteife Finne F werden in klassischer bootsbauerischer Weise nach Stand der Technik und Technologie spanend aus Holz gefertigt. Substitutiv können Befestigungsholm B und Finne F aus Kunststoff gefertigt werden. Die Leistenholme L1, L2, L3, L4 werden spanend aus Holz gefertigt oder können alternativ aus Kunststoff gefertigt werden. Die Wangen Ws und Wb werden aus wölbbiegefähigem Material gefertigt. Dies sollte ein kohlefaserverstärkter Kunststoff (vorzugsweise Epoxyd, ggf. Poyester) oder ein glasfaserverstärkter Kunststoff sein. Die Vorfertigung der Wangenbauteile erfolgt mit Verfahren nach Stand der Technik und Fertigungstechnologie urformend.

Wirkungsweise.
Die im Betrieb nicht axiale Anströmung führt zu einer Beaufschlagung der Bauteilgeometrie des Profilkörpertragflächensegments T durch Strömungskräfte. Die aus dem hydrodynamischen Auftriebsgebaren der Ruderblattfläche resultierende Querkraft wird beim Manövrieren genutzt.
Die Beaufschlagung durch die nicht axialen fluidischen Kräfte führt bei einem Profilkörpertragflächensegment mit wölbelastischen Wandungen und der Profilkörperinnenstrukturierung repräsentiert durch die Leistenholme L1, L2, L3, L4, zu einer mechanisch nicht orthodoxen (paradoxen) Beaufschlagungs-Verformungs-Wechselwirkung. Eine mechanisch paradoxe Beaufschlagungs-Verformungs-Wechselwirkung erwirkt eine (luvwärtige) Geometrieverformung des Profilkörpertragflächensegments T , welche der fluidischen Beaufschagungsrichtung entgegengesetzt ist. Die mechanisch paradoxe Beaufschlagungs-Verformungs-Wechselwirkung führt zu fluidmechanisch vorteilhaften und gegebenenfalls auf spezielle, den Betriebszweck des Gesamtsystems konditionierten Eigenschaften des Seefahrzeugs. Die mechanisch paradoxe Beaufschlagungs-Verformungs-Wechselwirkung ist im Falle eines Profilkörpertragflächensegments mit mit wölbelastischen Wandungen und der Profilkörperinnenstrukturierung repräsentiert durch die Leistenholme L1, L2, L3, L4, intensiver als bei einer solchen mit zugmittel- oder biegemittelzentralgebundener Strebenstruktur, wie weiter unten beschrieben.
Bei fluidmechanisch hohen Belastungen kann es zu starken Wölbverformungen und zu einer Profilentartung kommen.

Variante (IV) EM56 **Profilkörpertragflächensegment mit wölbelastischen Wandungen und biegemittelzentralgebundener Strebenstruktur.**

In der skizzenhaften Abbildung Figur 8 ist gemäß der Intension der Erfindung eine horizontale Schnittebene des Ruderblattes schematisch dargestellt.

In der Abbildung Figur 9 ist gemäß der Intension der Erfindung eine vertikale Schnittebene des Ruderblattes schematisch dargestellt.

Aufbau und bauliche Ausführung. Das profilierte Bugteil des Wechselrahmen R, der nicht Gegenstand der Erfindung ist, der biegesteife Befestigungsholm B, die Leistenholme L1, L2, L3, L4, die wölbelastischen Wangen Ws und Wb, die biegeelastischen Seelen Z rundem Querschnitt und die biegesteife Finne F bilden eine konstruktive und organisatorische Einheit, die das Profilkörpertragflächen-segment der Erfindung entsprechend repräsentieren.

Die flächige Verbindung q2 zwischen dem profilierte Bugteil des Wechselrahmen R und dem Befestigungsholm B wird mit Fügetechnik nach Stand der Technik reversibel lösbar oder stoffschlüssig durch Klebung ausgeführt, derart wie in der Abbildung Figur 9 gemäß der Intension der Erfindung als vertikaler Schnitt des Ruderblattes schematisch dargestellt. Die Verbindung zwischen der wölbelastischen Wange Ws und den Leistenholmen L1 und L3 wird stoffschlüssig durch eine elastische Klebung K1 und K3 ausgeführt. Die Verbindung zwischen der wölbelastischen Wange Wb und den Leistenholmen L2 und L4 wird stoffschlüssig durch eine elastische Klebung K2 und K4 ausgeführt. Der Kontakt zwischen den Leistenholmen L1 und L3 und der wölbelastischen Wange Wb ist als gleitende Lagerung S1 und S3 ausgeführt. Der Kontakt zwischen den Leistenholmen L2 und L4 und der wölbelastischen Wange Ws ist als gleitende Lagerung S2 und S4 ausgeführt. Die biegeelastischen Seelen Z mit rundem Querschnitt sind in Spielpassung mit dem Befestigungsholm B und den Leistenholmen L1, L2, L3, L4 in die entsprechenden kreisrunden Bohrungen gefügt. Die wölbelastischen Wangen Ws und Wb sind bugwärtig über eine Klebeverbindung stoffschlüssig mit dem Befestigungsholm B und heckwärtig über eine Klebeverbindung stoffschlüssig mit der Finne F verbunden derart, dass hinsichtlich einer geschlossenen Außenkontur der Befestigungsholm B und die Finne F von den Wangen WB und Ws eingeschlossen sind. Das Profilkörpertragflächensegment T bildet an den Ebenen q4 und q3 gestaltungsbedingt keine geschlossene Flächen aus, so dass das Fluid in die Innenstruktur eindringen kann. Der biegesteife Befestigungsholm B und die biegesteife Finne F werden in klassischer bootsbauerischer Weise nach Stand der Technik und Technologie spanend aus Holz gefertigt. Substitutiv können Befestigungsholm B und Finne F aus Kunststoff gefertigt werden. Die Leistenholme L1, L2, L3, L4 werden spanend aus Holz gefertigt oder können alternativ aus Kunststoff gefertigt werden. Die biegeelastischen Seelen Z bestehen aus handelsüblichem Kohleverbundmaterial mit kreisrundem Querschnitt. Die Wangen Ws und Wb werden aus wölbbiegefähigem Material gefertigt. Dies sollte ein kohlefaserverstärkter Kunststoff (vorzugsweise Epoxyd, ggf. Poyester) oder ein glasfaserverstärkter Kunststoff sein. Die Vorfertigung der Wangenbauteile erfolgt mit Verfahren nach Stand der Technik und Fertigungstechnologie urformend.

Wirkungsweise.
Die im Betrieb nicht axiale Anströmung führt zu einer Beaufschlagung der Bauteilgeometrie des Profilkörpertragflächensegments T durch

Strömungskräfte. Die aus dem hydrodynamischen Auftriebsgebaren der Ruderblattfläche resultierende Querkraft wird beim Manövrieren genutzt.

Die Beaufschlagung durch die nicht axialen fluidischen Kräfte führt bei einem Profilkörpertragflächensegment mit wölbelastischen Wandungen und der Profilkörperinnenstrukturierung repräsentiert durch die Leistenholme L1, L2, L3, L4, und den biegeelastischen Seelen Z mit rundem Querschnitt zu einer mechanisch nicht orthodoxen (paradoxen) Beaufschlagungs-Verformungs-Wechselwirkung. Eine mechanisch paradoxe Beaufschlagungs-Verformungs-Wechselwirkung erwirkt eine (luvwärtige) Geometrieverformung des Profilkörpertragflächensegments T , welche der fluidischen Beaufschagungsrichtung entgegengesetzt ist. Die mechanisch paradoxe Beaufschlagungs-Verformungs-Wechselwirkung führt zu fluidmechanisch vorteilhaften und gegebenenfalls auf spezielle, den Betriebszweck des Gesamtsystems konditionierten Eigenschaften des Seefahrzeugs.

Die mechanisch paradoxe Beaufschlagungs-Verformungs-Wechselwirkung ist im Falle eines Profilkörpertragflächensegments mit mit wölbelastischen Wandungen und der Profilkörperinnenstrukturierung repräsentiert durch die Leistenholme L1, L2, L3, L4 und den biegeelastischen Seelen Z mit rundem Querschnitt intensiver als bei einer solchen mit zugmittelgebundener Strebenstruktur, wie weiter unten beschrieben. Die biegeelastischen Seelen Z mit rundem Querschnitt dienen in einer spielgepassten, gleitenden Verbindung mit dem Befestigungsholm B und den Leistenholmen L1, L2, L3, L4, gefügt in die entsprechenden kreisrunden Bohrungen als mechanischer Überlastungsschutz, so dass es bei fluidmechanisch hohen Belastungen nicht zu unzulässig starken Wölbverformungen und zu einer Profilentartung kommt.

Variante (V) EM57 **Profilkörpertragflächensegment mit wölbelastischen Wandungen und zugmittelgebundener Strebenstruktur.**

In der skizzenhaften Abbildung Figur 10 ist gemäß der Intension der Erfindung eine horizontale Schnittebene des Ruderblattes schematisch dargestellt.

Aufbau und bauliche Ausführung. Das profilierte Bugteil des Wechselrahmen R, der nicht Gegenstand der Erfindung ist, der biegesteife Befestigungsholm B, die Leistenholme L1, L2, L3, L4, die wölbelastischen Wangen Ws und Wb, die biegeelastischen, zugfesten Seelen Q mit Querschnitt und die biegesteife Finne F bilden eine konstruktive und organisatorische Einheit, die das Profilkörpertragflächensegment der Erfindung entsprechend repräsentieren.

Die flächige Verbindung q2 zwischen dem profilierte Bugteil des Wechselrahmen R und dem Befestigungsholm B wird mit Fügetechnik nach Stand der Technik reversibel lösbar oder stoffschlüssig durch Klebung ausgeführt, derart wie in der Abbildung Figur 10 gemäß der Intension der Erfindung schematisch dargestellt. Die Verbindung zwischen der wölbelastischen Wange Ws und den Leistenholmen L1 und L3 wird stoffschlüssig durch eine elastische Klebung K1 und K3 ausgeführt. Die Verbindung zwischen der wölbelastischen Wange Wb und den Leistenholmen L2 und L4 wird stoffschlüssig durch eine elastische Klebung K2 und K4 ausgeführt. Der Kontakt zwischen den Leistenholmen L1 und L3 und der wölbelastischen Wange Wb ist als gleitende Lagerung S1 und S3 ausgeführt. Der Kontakt zwischen den Leistenholmen L2 und L4 und der wölbelastischen Wange Ws ist als gleitende Lagerung S2 und S4 ausgeführt. Die biegeelastischen zugfesten Seelen Q mit rundem Querschnitt sind in Spielpassung mit dem Befestigungsholm B und den Leistenholmen L1, L2, L3, L4 in die entsprechenden kreisrunden Bohrungen gefügt.

Die biegeelastischen zugfesten Seelen Q sind bugwärtig formschlüssig mit dem Befestigungsholm B und heckwärtig formschlüssig mit der Finne F verbunden. Die wölbelastischen Wangen Ws und Wb sind bugwärtig über eine Klebeverbindung stoffschlüssig mit dem Befestigungsholm B und heckwärtig über eine Klebeverbindung stoffschlüssig mit der Finne F verbunden derart, dass hinsichtlich einer geschlossenen Außenkontur der Befestigungsholm B und die Finne F von den Wangen WB und Ws eingeschlossen sind. Das Profilkörpertragflächensegment T bildet an den Ebenen q4 und q3 gestaltungsbedingt keine geschlossene Flächen aus, so dass das Fluid in die Innenstruktur eindringen kann. Der biegesteife Befestigungsholm B und die biegesteife Finne F werden in klassischer bootsbauerischer Weise nach Stand der Technik und Technologie spanend aus Holz gefertigt. Substitutiv können Befestigungsholm B und Finne F aus Kunststoff gefertigt werden. Die Leistenholme L1, L2, L3, L4 werden spanend aus Holz gefertigt oder können alternativ aus Kunststoff gefertigt werden. Die zugfesten Seelen Q bestehen aus handelsüblichem Kuststoffmaterial mit kreisrundem Querschnitt. Die Wangen Ws und Wb werden aus wölbbiegefähigem Material gefertigt. Dies sollte ein kohlefaserverstärkter Kunststoff (vorzugsweise Epoxyd, ggf. Poyester) oder ein glasfaserverstärkter Kunststoff sein. Die Vorfertigung der Wangenbauteile erfolgt mit Verfahren nach Stand der Technik und Fertigungstechnologie urformend.

Wirkungsweise.
Die im Betrieb nicht axiale Anströmung führt zu einer Beaufschlagung der Bauteilgeometrie des Profilkörpertragflächensegments T durch Strömungskräfte. Die aus dem hydrodynamischen Auftriebsgebaren der Ruderblattfläche resultierende Querkraft wird beim Manövrieren genutzt.

Die Beaufschlagung durch die nicht axialen fluidischen Kräfte führt bei einem Profilkörpertragflächensegment mit wölbelastischen Wandungen und der Profilkörperinnenstrukturierung repräsentiert durch die Leistenholme L1, L2, L3, L4, und den zugfesten Seelen Q mit rundem Querschnitt zu einer mechanisch nicht orthodoxen (paradoxen) Beaufschlagungs-Verformungs-Wechselwirkung. Eine mechanisch paradoxe Beaufschlagungs-Verformungs-Wechselwirkung erwirkt eine (luvwärtige) Geometrieverformung des Profilkörpertragflächensegments T, welche der fluidischen Beaufschagungsrichtung entgegengesetzt ist. Die mechanisch paradoxe Beaufschlagungs-Verformungs-Wechselwirkung führt zu fluidmechanisch vorteilhaften und gegebenenfalls auf spezielle, den Betriebszweck des Gesamtsystems konditionierten Eigenschaften des Seefahrzeugs. Die mechanisch paradoxe Beaufschlagungs-Verformungs-Wechselwirkung bildet im Falle eines Profilkörpertragflächensegments mit wölbelastischen Wandungen und Profilkörperinnenstrukturierung repräsentiert durch die Leistenholme L1, L2, L3, L4 und den zugfesten Seelen Q mit rundem Querschnitt im Falle der zugmittelgebundener Strebenstruktur eine steifes und für hohe fluidische Belastungen taugliches Profilkörpertragflächensegment aus. Die zugfesten Seelen Q mit rundem Querschnitt dienen in einer spielgepassten, gleitenden Verbindung mit dem Befestigungsholm B und den Leistenholmen L1, L2, L3, L4, gefügt in die entsprechenden kreisrunden Bohrungen als mechanischer Überlastungsschutz, so dass es bei fluidmechanisch hohen Belastungen nicht zu unzulässig starken Wölbverformungen und zu einer Profilentartung kommt.

Figur 1

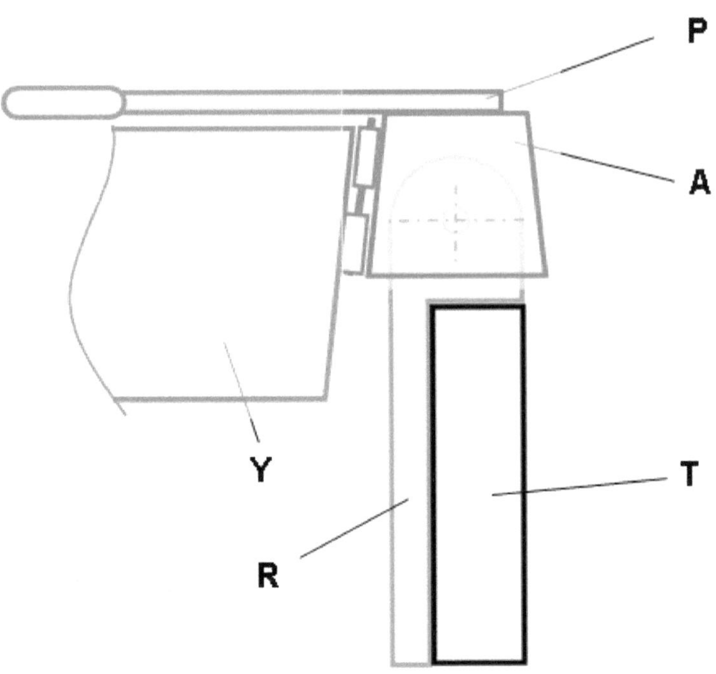

Figur 2

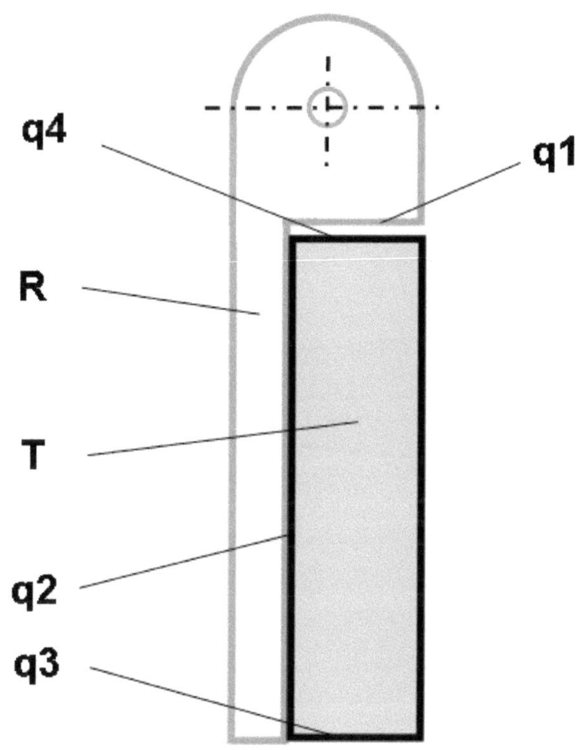

Figur 3

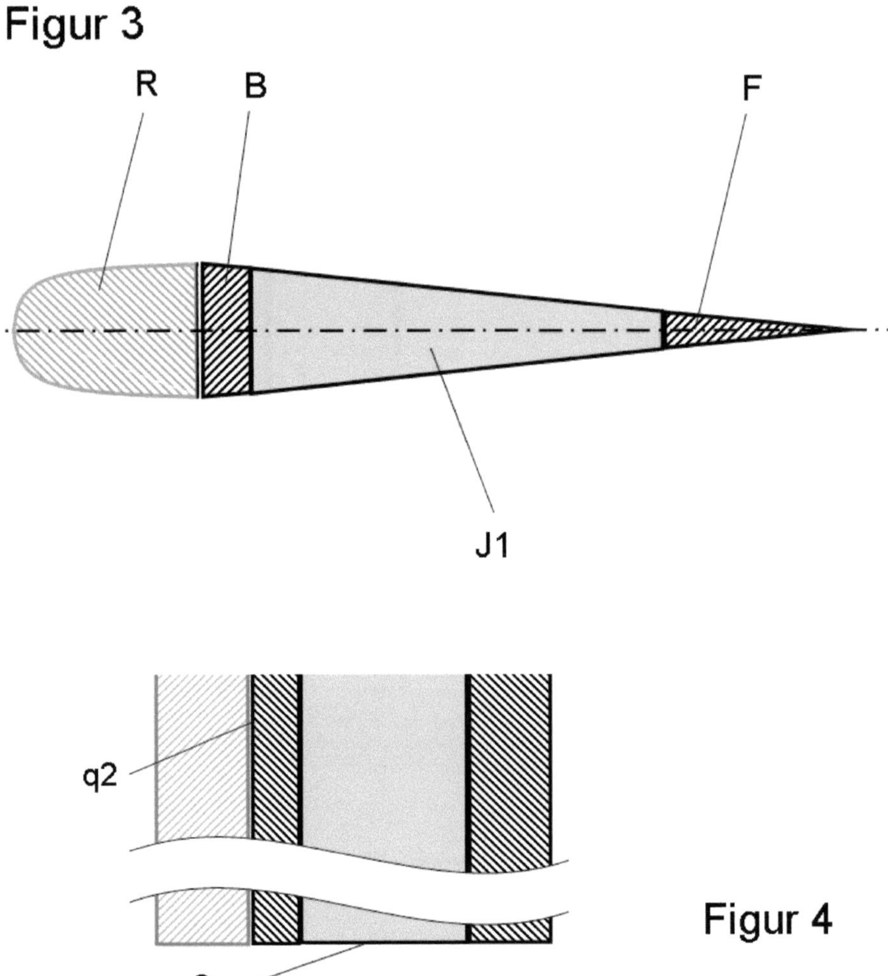

Figur 4

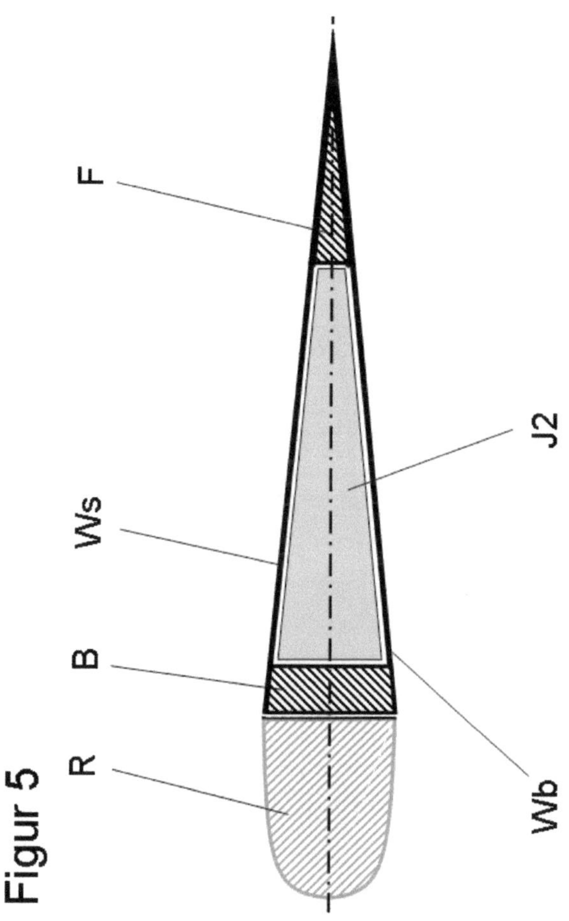
Figur 5
R
B
Ws
F
J2
Wb

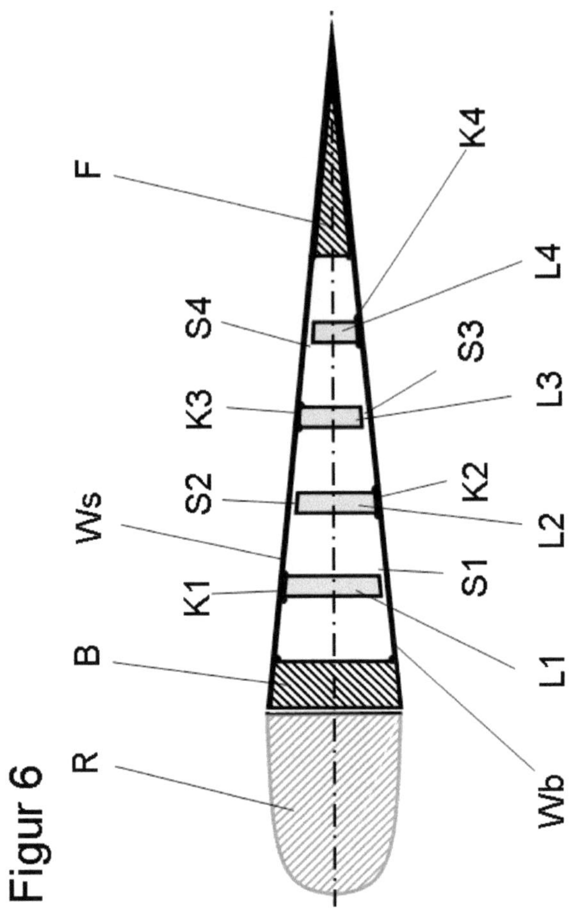

Figur 6

Figur 8

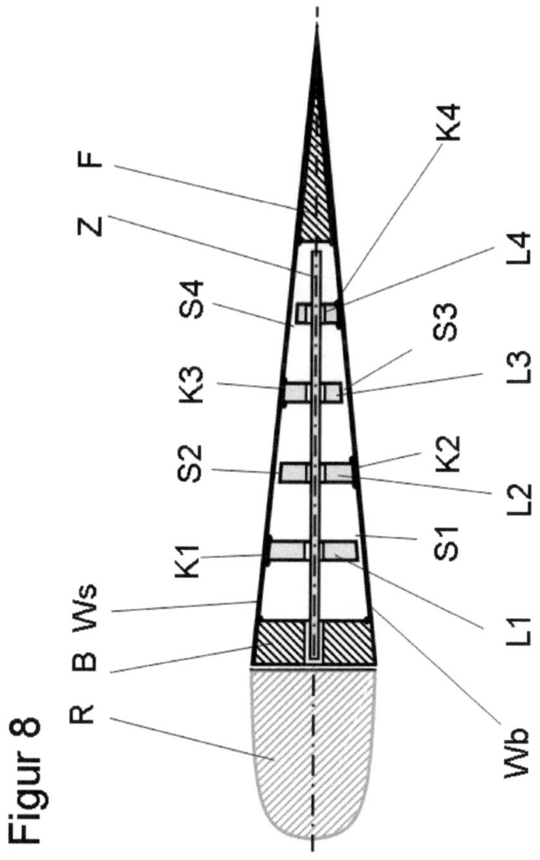

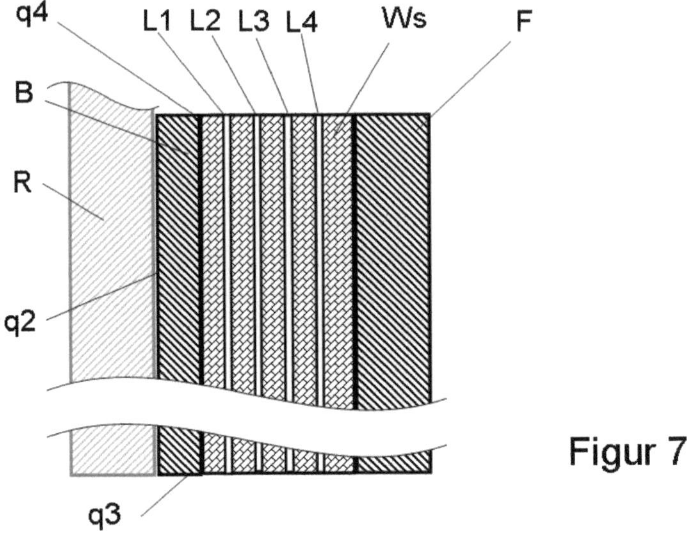

Figur 7

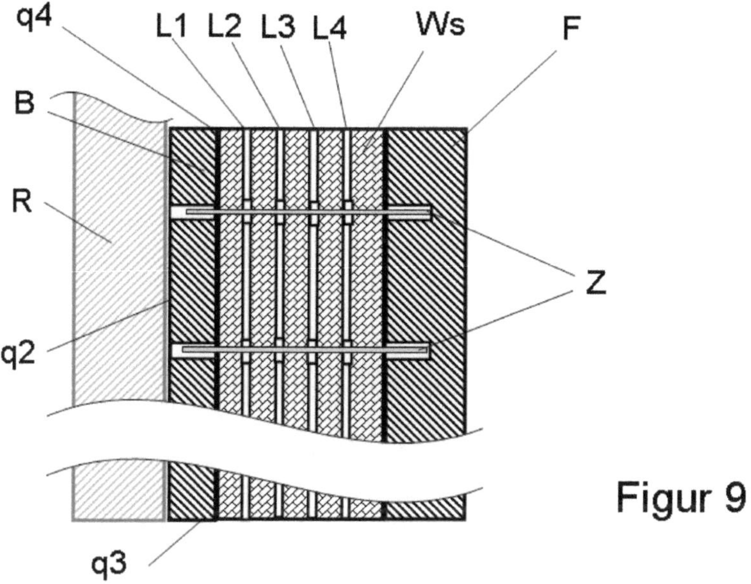

Figur 9

Figur 10

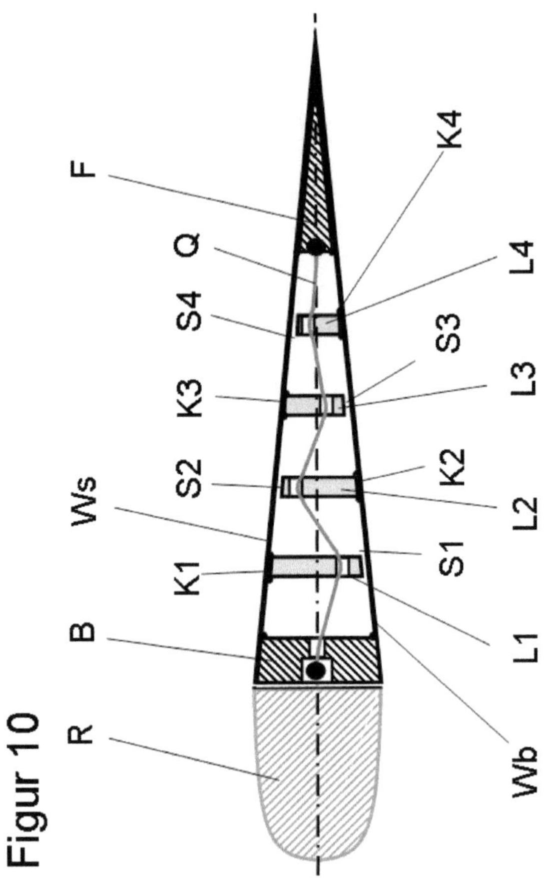

Epilog

Es ist Sonntag der 20. November 2016. Totensonntag. Vorhin haben wir die Traueranzeige aus der Tageszeitung geschnitten. Reinhard, erst mein Dozent, dann mein Kollege und seitdem mein Freund – natürlich habe ich mich zu wenig gekümmert in den letzten Jahren - wird in wenigen Tagen als Urne in eine Marienfelder Wiese versenkt. H. wird mich begleiten. Ich bin ihr dankbar dafür.

H: Du weißt aber schon, dass Du gerade Bockmist baust?
Mi: Ja.
H: Ich meine jetzt nicht diesen Schmalz mit dem Big Zeppelin. Und dass Du jetzt
        auch noch dichten musst. Ich meine die Sache an sich.
Mi: Page nicht Degenhard. *Led* Zeppelin.
H: Was soll der Quatsch mit der Patentverbrennung?

In die Trauer mischt sich Streit, der den vorliegenden Text betrifft. Nicht seinen Inhalt, sondern dass es diesen Aufsatz überhaupt geben soll. H. ist mein bester Freund, meine Ratgeberin und mein Gewissen. Seit weit vielen Jahren. Eigentlich immer schon. Don`t make me loose … Sollte in meiner Umgebung je so etwas wie Moral aufgetaucht sein, dann ist H auch dies. Zunehmend ist H. auch noch mein Gedächtnis. Mit immer gleicher Ruhe und allen Übels verzeihend nimmt sie an meiner Verblödung teil. Und Anteil. Erduldet die alten Methoden und die neu hinzukommenden Rituale, mit denen ich dagegen ankämpfe zu einer Art Gemüse zu werden. Von außen betrachtet muss ich ein Scheusal sein und sie ist so stark. Und viel lieber würde ich mich aus dem Revier schleichen wie ein sterbendes Tier; aber das lässt sie nicht zu. Sie würde es außerdem feige nennen.

H: Patente verbrennen das machen nur Primitive. Willst Du das sein? Du
        würdest keinen guten Proleten abgeben. Mann, Micha. Nicht mal einen
        Working Man. Du warst nie ein guter Handwerker, nie. Aber du warst immer
        ein guter Ingenieur. Der zündet keine Bücher an. Oder den ganzen Wedding
        gleich.
Mi: Ich *bin* Handwerker.
H: Ha, wenn unser Föhn kaputtgeht, schneide ich den Stecker ab.
Mi: Ja, ich weiß.
H: Damit Du am Leben bleibst. Deine beiden linken Hände sind sprichwörtlich.
        Aber Du warst ein guter Ingenieur. Ich würde Dich einen genialen Theoretiker
        nennen.
Mi: Aber auch Schlosser.
H: Vor meiner Zeit.
Mi: Sie haben uns die Türschilder abmontiert. Den Dipl.-Ing., den Master, alles.
H: Das sagtest Du bereits. Jammer, jammer, jammer. Du bleibst Ingenieur.
Mi: Sonstiger Mitarbeiter.
H: Hör auf.
Mi: Wir dürfen keine wissenschaftlichen Aufsätze schreiben. Weil wir neuerdings
        keine Akademiker mehr sind, sagt ..

H: .. der Vize, ich weiß. Das ist aber jetzt nicht unser Thema. Nicht wieder. Du
        willst also Deine Bücher verbrennen. Öffentlich. Im Wedding. Kriminell
        werden. Ich fasse es nicht.
        Und übrigens heißt es: „komm wir gehen *Tauben vergiften* im Park"? Dieser
        Öchi-Typ. Geissler oder so!
Mi: Du kennst Georg Kreissler? Wahnsinn.
H: Das nenne ich übrigens kriminell. Die armen Tauben.

Beide müssen herzhaft lachen. Es ist *der* Running Gag. 1981, sie kannten sich etwa
ein halbes Jahr und H. hatte diese Krebsdiagnose. Eine Powerfrau sollte Zytostatika
nehmen, bestrahlt werden, die schönen blonden Haare verlieren. Die volle Packung.
Ein Anruf mit dem Stationstelefon, wenig Worte nötig, M. war zur Stelle und zur
gemeinsamen Flucht bereit. Der ganze Krankenhauskram war schnell eingepackt und
man schlich aus dem Zimmer, nicht ohne die „Chemo", jene kleinen roten Pillen der
ersten Phase, aus der Verpackung zu drücken und aus dem Zimmerfenster zu
werfen. Wie Diebe huschten sie aus der Krebsstation der „Puls-Straße, Frauenklinik
Charlottenburg. H. hatte beschlossen: Sie wollte nicht krank sein, sie gab dieser
Diagnose keine Chance. Wie sie waren, fuhren die beiden direkt in den Harz. Also
Grenzkontrolle, DDR, Hirschberg an einem Stück, mitten in der Woche, Arbeit egal,
Klausuren egal, faktisch waren sie an diesem Tag ja schon tot. Aber zusammen. Nach
einem wunderbaren verregneten Wochenende lebten sie aber immer noch. Nach
zwei Wochen auch. Fünf Wochen nach der Flucht gehen sie gemeinsam ins
Krankenhaus und stellten sich den Ärzten, dann der Untersuchung, und schließlich
der gesamten Situation. Die Diagnose ist negativ!   H: „Der Krebs hat sich verpisst".

Ach so, die Tauben? Als ich mit H durch das Treppenhau hetze, durch das schwere
Tor zum Innenhof schlüpfe, sehen wir sie, wie sie die kleinen roten Pillen aufpicken.

H: Das ist Anarchie. Man verbrennt keine Bücher. Niemals.
Mi: Bücher?
H: Aufsätze, Wissenschaft, Forschung, Patente. Was auch immer. Stell Dich nicht
        doof. Ich will nicht ..
Mi: .. mit einem Anarchisten in einem Bett schlafen.
H: .. an einem Tisch sitzen. Wie jetzt gerade. Oder sie sperren Dich gleich ein.
        Denk doch mal an die Kinder. Unsere Kinder.
Mi: Propotkin hatte auch Kinder. Bakunin sogar zehn.
H: Wer?
Mi: Ok, gelogen.
H: Ossies.
Mi: Russen.
H: Du lässt Dich also einknasten, nur um Dein Mütchen zu kühlen!
Mi: :) :
H: Deine Tochter hat einen Kriminellen zum Vater. Und Mo auch. „Besser heut
        nich U-Bahn fah`n, der Papa zünd` den Wedding an".
Mi: nennen wir es „Arbeiten am Stand der Technik".
H: Du kannst doch nicht alles aufs Spiel setzen. Deine Arbeit. Uns. Dich selbst?

Sie erträgt es, wie ich morgens um acht zur Arbeit radle, abends nach sieben nach Hause komme und mich sogleich an den Tisch setze, um zu schreiben. Ich weiss ja inzwischen auch, dass ich asozial bin. Dieses zwanghafte Schreiben. Aber es gibt Anlässe. Nicht wenige Dinge erfinde ich mehrmals. Mal liegen Jahre dazwischen, mal eine Nacht. Anfangs habe ich mich noch gewundert und war amüsiert, dass ich gleiche Formulierungen wieder und wieder verwende. Aber wenn einer sich _eine_ ganze Nacht das Hirn zermartert, um _einem_ Absatz den letzten Schliff zu geben, wieder und wieder unzufrieden ist, generiert und verwirft, um dann keine drei Tage später einen alten Text mit exakt diesem Satz, alleine mit dem Unterschied korrekter Orthographie, wiederfindet in einem Aufsatz aus dem Vorjahr, dann muss einer — um nicht zu verzweifeln - verschwiegen sein wie Hermes, oder einen guten Freund haben. Ich habe H.

H: Du weißt, dass Du uns dann alle zum Narren gehalten hast. Jahre lang. 35 Jahre lang. Selbst wenn Du da bist, bist Du nicht da.
Mi: Fünfunddreißig-und-sieben-zwölftel Jahre.
H: Du bist wirklich so ein Ego-Fuzzi. Der größte seit Hermann Hesse.

Ja das stimmt leider. Wenn ich programmiere, bedeutet mir die Eleganz des Codes sehr viel. Da bin ich eitel und stolz drauf. Funktions- und Variablennamen wähle ich sorgfältig. Im wahrsten Sinne des Wortes sinnfällig. Nicht selten stürze ich ganze Routinen, wenn sie nicht im Gesang des restlichen Codes aufgehen. Ich genieße dieses schöpferische Tun. Es ist erhebend, ja, berauschend. Ich klappere diesen bigotten Text ganz gelockert in die Tastatur, weil ich außer mir noch einige Menschen kenne, die ich sehr schätze und bewundere, Reinhard gehört dazu, und von denen ich gleichzeitig wusste und weiß, dass sie alles andere sind, als vergeistigte, selbstverliebte Spinner.
Dieserart begann ich kürzlich an einem Programm zur „schnellen Fluid-Struktur-Wechselwirkung", also „fastFSI" zu arbeiten. Wenn man nicht ständig programmiert, braucht man schon ein paar Tage konzentrierter Arbeit, damit es wieder fließt und flutscht. Nach einer Woche etwa kamen mir Namen und Strukturen verdächtig vor. Ins Wochenende ging ich mit einem seltsamen Gefühl. Am Samstagabend wurden die heimischen Speicher-Sticks durchforstet. Nach Programmen, nach einem Urteil. Siehe da, auf meinem alten Windows-NT-Laptop fand ich den Code. Aus dem Jahre 2004. Saubere Arbeit. Fein ausgewählte Dateinamen, kluge Prozeduren, das ganze Programm ein rundes, funktionierendes Etwas. Nun wusste ich, wo ich am Montag im Büro suchen müsste. Es hätte mich erfreuen sollen, das Wiederfinden. Tat es aber nicht. Ich hatte alles vergessen. Alles. Nicht nur in welcher Weise es funktioniert und geht, sondern dass es überhaupt bereits jemals funktionierte und ging. Dass es da war. Und fertig. Und was mich am meisten daran stört ist, dass ich damals viel besser war als heute. Vielleicht nicht so fit wie meine jungen Kollegen, mit denen ich (noch) das Büro teilen darf. Aber trotzdem ganzschön gut. Wie konnte ich nur vergessen, dass ich dieses kniffelige FFSI-Problem (stellen Sie sich bitte vor: ein Potentiallöser und die elastische Theorie lösen gekoppelt die Aufgabe der Fluid-Struktur-Interaktion eines Profilquerschnitts in 1/1000 der Zeit, die ein CFD-Code braucht) schon einmal gelöst hatte. Ich habe bis heute gebraucht, diesen Schock zu überstehen. Diese Schande. Brauche bis nächstes Jahr oder bis morgen. H sagt, sie begleite mich in die Finsternis.

H: Aber nicht heute!

Mi: Es geht schnell.

H: Ich dachte, Du meinst das eher so theoretisch-symbolisch. Wir wollten doch auf den Türkenmarkt gehen.

Mi: Das tun wir auch. Gleich im Anschluss. Guck mal; das ist nur eine Ecke.

H: … und Du meinst ich soll Dich jetzt hier mit Deiner Gitarre fotografieren. *Sie bleibt stehen stampft mit dem Fuß auf. Eine typische H-Geste, süß.* Du kannst doch gar keine Gitarre spielen.

Mi: Ein Neuanfang.

H: Katholischer Pharisäer!

Ich habe eine schlecht strukturierte Angst, dass ich diesen Text hier schon einmal geschrieben habe. Oder zweimal, oder zehnmal.
Inzwischen sind ein paar Tage vergangen. Eine Woche um den Pfeil der Zeit richtig zu zeichnen. Später Abend.

Mi: Nein, ganz im Gegenteil. Ich empfinde es inzwischen als Glück, wenn sie mich nicht einladen. Ich habe zunehmend Probleme mit Menschen. Und Weihnachtsfeiern mag ich überhaupt nicht. Reden kann ich gut; Aber zuhören nicht mehr. Übrigens: Fidel Castro ist tot.

H: Der lebt noch? Also bis gerade noch, hätte ich beinahe gesagt: Castro, der Macho. Zu viele Kinder mit zu vielen Frauen.

Mi: Und dennoch; aus meiner beschränkten Westsicht: Ein Wahrer der Sache. Ein Drastiker. Schade, satreartig ist er nun nicht gestorben. So mit der Kalaschnikow in der Hand. Die deutschen sahen ihn kritisch. Mochten ihn nicht. Du wirst sehen, wie schwer sie sich nun tun. Die Kanzlerin wird wohl nicht nach Cuba fliegen. Ihm die Ehre erweisen. Sie könnten den Schily schicken. Oder die Hogefeld aus Wiesbaden. Nur zur Beerdigung. Nur für einen Tag. Das hätte eine gewisse Größe und Tradition. Alle reden jetzt wahrscheinlich nur von der Cuba-Krise, den Atomraketen, den Säuberungen. Keiner spricht von den Schulen, den Zahnbürsten für die Kinder, den Krankenhäusern und von der Liebe, die das Volk ihm dafür entgegenbringt *„Por todo el tiempo, para siempre"*. Oben im Regal steht seine Biographie. Als Comic[3]. Wusstest Du, dass er Arzt..

H: .. Rechtsanwalt ..

Mi: Ach, schau an. Deine Sozi-Gene. Dann war Che der Kinderarzt, so war das. Und Motorradfahrer, der Che guevara.

H: Deine TU! Es stört Dich also gar nicht, dass sie Dich nicht einladen?

Mi: Meine und Deine. Und nein.

H: *Schaut ihm über die Schulter.* Ich wollte nur mal schauen, was Du machst. Sitzt vor dem Laptop. Arbeitest. Hackst.

Mi: Du rauchst zu viel, wolltest Du sagen.

H: Das auch. Rauch nicht so viel. *Gähnt.* Deine Anarchisten? Ich hab schon mal den Baumschmuck rausgesucht. Die Kerzen und alles.

---

[3] Castro Castro von Reinhard Kleist Verlag: Carlsen; Auflage: Originalausgabe (1. Oktober 2010) ISBN-10: 3551789657, ISBN-13: 978-3551789655

Mi: Bakunin, Kropotkin[4]. Du hattest Recht, letztens. Aber das war auch eine andere Zeit. Beide ehrenhafte Anarchisten. Sie haben sich der Menschen verdient gemacht. Aber das hier ist etwas Anderes. Im Vergleich zur realen Welt, der bösen Welt, machen wir nur akademischen Schnulli. Könnten wir das nicht einfach ein wenig tiefer anhängen?

H: Deine verbrannten Patente? Ja, das ist was ganz anderes. Es ist einfach nur bescheuert. Ich habe mir Dein T001 SI 482 mal angeguckt. Was soll das überhaupt: T, SI?

In der Tat. Die alten Anarchisten. Fürst Pjotr Alexejewitsch Kropotkin (1842 bis 1921) war ein russischer Schriftsteller. Aufgrund seiner adligen Herkunft wurde er „Der anarchistische Fürst" genannt. Er hinterließ viele revolutionäre und anarchististische Schriften. darunter die revolutionäre Schrift *Die Eroberung des Brotes*. Kropotkin kämpfte für eine gewalt- und herrschaftsfreie Gesellschaft und gilt als einer der einflussreichsten Theoretiker des *kommunistischen Anarchismus*.

Durch eine Lungenentzündung geschwächt, verstarb Kropotkin am 8. Februar 1921. Repräsentanten verschiedener anarchistischer Gruppen, bildeten ein Begräbnis-komitee und konnten von den sowjetischen Autoritäten die Freilassung eingesperrter russischer Anarchisten erreichen, unter der Bedingung, dass diese nach dem Begräbnis wieder in die Gefängnisse zurückkehren würden. Mehrere zehntausend Menschen besuchten die Beerdigung am 13. Februar 1921 und machten sie zur letzten großen Demonstration anarchistischer Kräfte in Sowjetrussland.

Mi: Du hast es Dir angeschaut? Lieben Dank. *Das meint er ausnahmsweise nicht polemisch.* SI ist die interne Kennung, die eine Idee hätte, wenn wir sie melden würden … T sei die laufende Nummer der Veröffentlichung.

H: Ha. Also doch Patente!

Mi: Nein, ja; Oh Gott. Ich meine, wenn es als Patent angemeldet würde. Werden würde. Würde werden. Wie auch immer.

H: Die LABOR-Finne!

Mi: LABFin, ja.

H: Ich hab mir das angeschaut. Aus nicht-technischer Sicht ziemlich gut. So, nun mal raus mit der Sprache. Patent, ja oder nein.

Mi: LABFin ist nur so eine Art Kommunikationsplattform..

H: … die man einfach mal so verbrennt.. Mann, Micha.

Mi: Ein Bühne für Dialoge, die vollkommen selbstverständlich ist, wie sie ist. Ein Vehikel, das was macht.

H: Das sagst Du immer. Vehikel.

Mi: Vielleicht finden sich ja andere Forscher, die nicht bei Null anfangen wollen. Die sagen dann: „Oh, toll. Wir können unsere Messwerte vergleichen mit den

---

[4] Fürst Pjotr Alexejewitsch Kropotkin (1842-1921) Aufgrund seiner adeligen Herkunft und seiner Bekanntheit als Anarchist des späten 19. und frühen 20. Jahrhunderts wurde Kropotkin auch *der anarchistische Fürst* genannt. https://de.wikipedia.org/wiki/Pjotr_Alexejewitsch_Kropotkin

in der Transactions gefundenen Berechnungsdaten. Die Profile, den Auftriebskoeffizienten, das Leistungsvermögen der Finnen.

H: Du glaubst also doch, irgend Jemand interessiert sich dafür, dass Ihr Surfboardfinnen entwickelt? Hier im Wedding. Am Zeppelinplatz. Pardon. Am LED Zeppelin. *Schließt die Augen, macht eine Luftgitarre.* Page, nicht Degenhard.

MI: Ja, nein. *Schraubt entnervt den Füller auseinander. Die Tinte ist alle.* Das ist genau das Problem. H. , was soll das? Natürlich wurden wir dann irgendwie Experten in Sachen „Leit- und Steuertragflächen für kleine Seefahrzeuge". Ich weiß inzwischen eine ganze Menge darüber. Mehr als andere. Irgendwo hatte ich immer noch Tintenpatronen im Vorrat. Ob Du willst oder nicht, ob Du es vorhast oder nur zwangsläufig, du schiebst nach und nach Wissen zusammen, das nützlich sein könnte.

H: Wahrscheinlich bei deinen Buntstiften. *Gähnt erneut. Und fährt gespielt gelangweilt fort:* Aber ganz schön clever: „Leit- und Steuertragflächen für kleine Seefahrzeuge". Für Irgendwas muss das doch gut sein? Was du hier Tag für Tag machst. Und nachts.

Mi: Ist es aber eben nicht. Ich tue gut daran, nicht laut über diese Forschung zu reden. In unserem Hause. Wir sollen doch „Stadt der Zukunft" machen. Alle anderen Veröffentlichungen haben derzeit keinen Wert. Verkaufe mal Surfboardfinnen als Stadt der Zukunft. Deshalb geht es ja zum LED Zeppelin. Gehen WIR runter zum Zeppelinplatz. Übrigens, gut dort. Jetzt.

H: Aber bei MULAB hat es auch funktioniert. Forschung statt Zukunft. Dann geh mal schön alleine deine Patente verbrennen… Finnen. Deine geliebten Surfboardfinnen.

Mi: … dont make me loo-oose ..

H: .. keinen fatalistischen Blues jetzt. Die LABORFINNE. *Plötzlich hellwach.* Weiter, Micha.

Mi: Walzerblues. LABFin, ja.

H: ok.

Mi: Wir sind doch nur Theoretiker…

H: :):

Mi: Keinen Menschen interessiert hier, was wir machen -

H: .. was DU machst!

Mi: Ja, verdammt, ich. Was ICH mache.

H: weiter!

Mi: Ich muss mit ansehen, wie ein Projekt stirbt. CARPO ist eigentlich der Hammer. Wir entwickeln Surfboardfinnen. Nach dem Vorbild der Delfin-Hände. Das ist so unglaublich. Neuseeland, Barrier Riff. Hawaii. Coco Ho.

H: Coco, was?

Mi: Ho. Die Tochter von Mikel Ho. Ein Surf-Girl. In der Szene der Knaller.

H: verstehe.

Mi: Keiner will wissen, wie diese Dinger wirklich funktionieren. Wir forschen im eigenen Saft. Und niemand ist wirklich daran interessiert.

H: Nur Du!

Mi: Surfboardfinnen sind das Unglaublichste, was ich je erforscht habe!

H: Aha. So im Labor, meinst Du.

... und plötzlich bist Du Experte. Für das Surfen. Eigentlich wartet die Welt auf
Dich! Und auf Deine Finnen.

Mi: so in etwa.

H: Ich erinnere mich an Sankt-Peter-Ording. Du auf einem Surfbrett. Es war so
peinlich.

Mi: Aber ich habe mir dann dessen anlässlich einen eigenen Surfanzug gekauft.
Surfen ist eine Lebenseinstellung. Kein Sport. Egal, wie hoch die persönliche
Performance ...

H: In diesem Ding siehst Du aus wie eine Leberwurst.

Mi: stimmt.

H: und bei der kleinsten Welle... platsch!

Mi: Genau, es geht nämlich um das Wellensurfen. Nicht ums Windsurfen.

H: ... oh, super. Wenn Du nicht mal ein Segel hast, um Dich dran festzuhalten...

Mi: Wie auch immer. Es gibt so gut wie keine Forschung auf dem Gebiet der
Surfboardfinnen.

H: Und Du bist jetzt der Fidel Castro der Surfboardfinnen. Der Rvoluzzzer.

Mi: Das ist jetzt pietätlos.

H: stimmt. Aber Du bist keinen falls ein Finnen-Guru und auch kein Guerilla-
Surfer. Micha, wach auf. Und außerdem ...

Mi: ja?

H: das Ding da am Anfang.

Mi: ja?

H: Es reimt sich gar nicht. Deine Pi-Pi-Lyrik: Komm, wir gehen Patente
verbrennen im Park …. Das ist, … na, ja, Bullshit.

Mi: ok. Kein Jambus.

H: kein Jambus! Ja. Du solltest diese „Serie" einstellen. T-SI- bla. Vergiss es,
Micha!!

Mi: Es ist … Es ist aber irgendwie wichtig. Du glaubst es mir nur nicht. *Die
Tastatur klappert.* Nicht mal Du! *Datei after Datei.* Da war so ein Ding?

H: Doch.

Mi: .. wenn ich jetzt jung wäre... Mist, wo ist es nur?

H: ein alter Mann...

Mi: ... wenn ich noch einmal SO jung wäre wie..

H: .. wie das CoCo-Girl ...

Mi: *Endlich hat er die Datei gefunden, nach der er auf dem Laptop kramt.* Dann
würden wir beide Surfen. Du und ich. Am anderen Ende der Welt. Wir hätten
die erste Finne, die die Idee eines Manövers erkennt, sich intelligent verformt
und dieses Manöver selbstständig ausführt. Unsere Finnen wären kleiner,
schneller, effizienter. Lenkbar wie ein Skate-Board. Pfeilschnell.
Ich hätte SOO ein Pfund unter meinen Füßen. *Breitet die Arme aus.* Und
gerade Du, der Draußen-Mensch. Auf diese Bretter würdest Du abfahren.
Oder: Was würdest Du dann an meiner Stelle machen? Lurchi[5]? Mit diesen
Möglichkeiten!, Guck mal.

H: ... Was ist das denn? *H. reißt sich die Brille von der Nase.*

---

[5] Micha arbeitet heimlich an einem letzten, großen Werk: „Mein Leben mit Lurchi", wovon H. nichts
ahnt. Natürlich nicht. Für Unkundige: http://www.lurchi.de/lurchi/lurchi-hefte.html Was für ein
aufregendes Leben! Lurchis Abenteuer wurden bisher in 156 Heften aufgeschrieben und gezeichnet.

Micha, das darf nicht wahr sein. DAS ist der SuperGau. Das Ende jeder Beziehung. Für Alles. Sag, dass dieses Foto nur eine Montage ist.

Skaten plus Surfen im Schnuffu-Land und das ultimative Ende aller IRON-Men[6].

---

[6] Bügeln: To do the IRONING. Only for Iron-Men. Siehe außerdem: Extrembügeln ist eine ausschließlich im Freien ausgetragene Extremsportart mit dem Ziel, selbst unter anspruchsvollsten klimatischen, geographischen und körperlichen Bedingungen mittels eines heißen Bügeleisens und eines Bügelbretts Wäsche zu bügeln. https://de.wikipedia.org/wiki/Extrembügeln

BEI GRIN MACHT SICH IHR WISSEN BEZAHLT

- Wir veröffentlichen Ihre Hausarbeit,
  Bachelor- und Masterarbeit

- Ihr eigenes eBook und Buch -
  weltweit in allen wichtigen Shops

- Verdienen Sie an jedem Verkauf

Jetzt bei www.GRIN.com hochladen
und kostenlos publizieren